鬼谷说

不可思议的古生物

节肢动物篇

鬼谷藏龙 ·著

长江出版传媒 | 长江文艺出版社

图书在版编目（CIP）数据

鬼谷说：不可思议的古生物. 节肢动物篇 / 鬼谷藏
龙著. -- 武汉：长江文艺出版社，2023.4（2023.5 重印）
ISBN 978-7-5702-2725-9

Ⅰ. ①鬼… Ⅱ. ①鬼… Ⅲ. ①古生物学－普及读物②
节肢动物－普及读物 Ⅳ. ①Q91-49②Q959.22-49

中国国家版本馆 CIP 数据核字 (2023) 第 040415 号

鬼谷说：不可思议的古生物. 节肢动物篇
GUIGUSHUO : BUKESIYI DE GUSHENGWU. JIEZHIDONGWU PIAN

丛书策划：陈俊帆

责任编辑：杨　岚　王天然　　　　　责任校对：毛季慧

封面设计：袁　芳　　　　　　　　　责任印制：邱　莉　胡丽平

出版：长江出版传媒 ｜ 长江文艺出版社

地址：武汉市雄楚大街 268 号　　　　邮编：430070

发行：长江文艺出版社

http://www.cjlap.com

印刷：湖北新华印务有限公司

开本：720 毫米×920 毫米　　　1/16　　印张：4.375

版次：2023 年 4 月第 1 版　　　2023 年 5 月第 2 次印刷

字数：29 千字

定价：135.00 元（全六册）

目录

前言

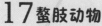

地球生命历史约40亿年，在约8亿年前，出现了最早的动物，而在5亿多年前，世界迎来了寒武纪大爆发，形成今天动物世界的雏形。仔细想来，这真是一首无比波澜壮阔的史诗。午夜梦回，我仰望星空，总会忍不住感慨，在这同一片星空之下，亿万斯年间，曾经有多少生灵来来去去，它们的故事必定也会让人心潮澎湃。

于是我做了一个决定，效法史迁究天人之际、通古今之变、终成一家之言，将我对于古生物学的一点浅见，付诸些许文献检索的辛劳，也为过去亿万年间之地球生灵撰写一部纪传体史书。在书写过程中，我的思绪也会经由查阅的资料回到那激荡的岁月，我仿佛看到昆明鱼在浑浊的浅海中一往无前，看到"角石"（注：为了和现代鹦鹉螺区分，本书中早期有外壳头足类都笼统称为角石。在其他材料中，这些角石也可能被称作鹦鹉螺。）张开腕足震慑四海，看到海蝎纵横来去，看到泥淖之中的提塔利克鱼，看到巨树之巅的巨脉蜻蜓，看到末日之下的二齿兽，看到兽族起于灰烬，看到恐龙横行天下，看到人类王者降临。

我不由自主地将感情注入了这些远古生灵之中，希望各位读者也能在字里行间看到我脑海中曾经涌现的盛景，跟着我的思绪亲密接触这万古生灵，一起欣赏伟大的动物演化史诗。

有些动物选择精耕细作，也有些动物选择先发制人，而节肢动物就是其中翘楚，这种思路让节肢动物在遥远的古代取得了辉煌的胜利，却也让它们背负了难以摆脱的历史沉疴，终究沦为了我们脚下的虫豸。但虫子，永远生生不息……

作者简介:

鬼谷藏龙，原名唐骋，中国科学院脑科学与智能技术卓越创新中心博士，上海科普作家协会会员，B站知名知识类UP主(ID:芳斯塔芙)。

从2014年起从事关于神经科学、基因编辑、科学史和古生物领域的科普，撰写了科普文章100余篇。曾参与编写《大脑的奥秘》，翻译《科学速读脑内新世界》；在B站开设账号"芳斯塔芙"，目前拥有超过300万粉丝，视频累计播放量约3亿。曾获B站第三届"新星计划"奖，B站2019年、2020年、2022年百大UP主，2019年"科学3分钟"全国科普微视频大赛特等奖，被评为网易2021年度影响力创作者。

画师简介:

夜蓝啊夜蓝，一名梦想用漫画做科普的插画师。著有搞笑漫画《天演论》等。

专家团队简介:

方翔,中国科学院南京地质古生物研究所副研究员,硕士生导师。主要从事早古生代地层及头足动物的研究,在奥陶纪地层划分对比、寒武纪-志留纪头足类系统古生物学、生物古地理学等方面取得重要成果。

历年来与英国、德国、芬兰、瑞士、澳大利亚、泰国等国学者有密切的合作研究。主持国家自然科学基金委、中国地质调查局等多项课题。

孙博阳,中国科学院古脊椎动物与古人类研究所古哺乳动物研究室副研究员,从事晚新生代哺乳动物演化研究。

朱幼安,中国科学院古脊椎动物与古人类研究所副研究员,入选中国科学院"百人计划"青年项目。主要研究方向为颌起源及有颌鱼类早期演化,相关成果对脊椎动物"从鱼到人"演化之树重要节点的认识产生重要影响。

王海冰,中国科学院古脊椎动物与古人类研究所副研究员,主要从事中生代哺乳动物系统演化方面的研究工作。

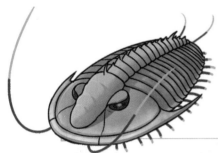

一个平凡家族的奋斗与迷茫 三叶虫

三叶虫，应该是大家既熟悉又陌生的古生物。

很多人都听说过三叶虫，却没有真正了解过。

现在，鬼谷我来说说三叶虫的故事。

鬼谷说

　　事先申明一下，动物的演化实质上是受环境选择的被动过程，我采用的叙述方式是为了方便描述，不代表动物真的做了某些主动选择。

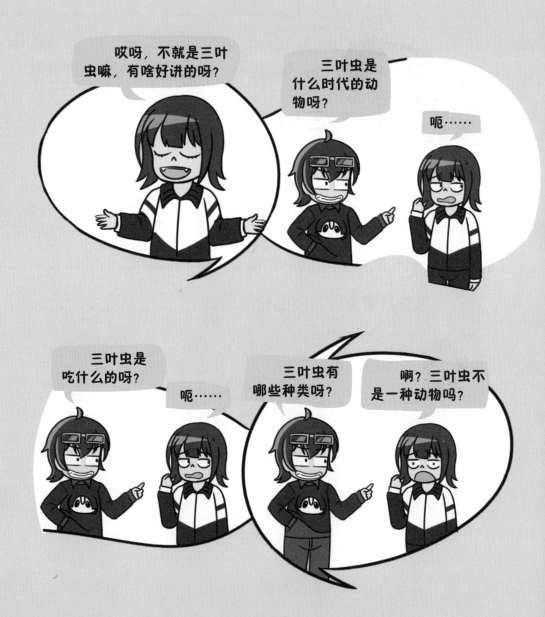

故事还要从五亿多年前的寒武纪物种大爆发说起。在那个时代的海洋里，大部分动物都长得很敷衍了事。反正海洋里的竞争压力也不是很大，只要能动能吃，再稍微有点防御能力便可以过得很滋润，何必去奋斗呢？在一片混吃等死之中，却有一类动物认真地演化出了即便以今天的眼光来看，也可说是一丝不苟的身体构造。

那就是三叶虫。根据化石推断，最早的三叶虫出现在5.21亿年前的西伯利亚地区，确切地说那是三叶虫家族最古老的成员莱德利基虫目。正是这个目的三叶虫奠定了后世所有三叶虫最基本的形态模式。

首先说莱德利基虫，它和其他所有三叶虫最明显的共同点是扁平的身体与一身盔甲。其中头部的盔甲成一整块，给予全身最核心的器官以最大程度的防护。躯干部的盔甲则是交叠的节片，兼顾防御与运动。三叶虫最中央的铠甲像房顶一样盖在身体的中轴线上，保护重要的内脏以及消化道、神经索、

三叶虫得名于分为左中右三叶的盔甲。

寒武纪

奥陶纪

莱德利基虫

卡瓦拉栉虫

拟油栉虫

镰虫

皮契拉虫

长棘博达虫

霸王等称虫

大卫奇异虫

球接子

小·桨肋虫

泥盆纪

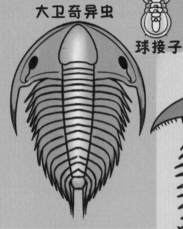

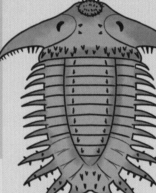

三戟瓦勒西虫

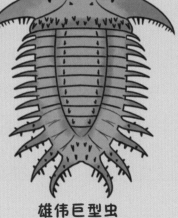

雄伟巨型虫

不同时代的三叶虫

阿克廷虫

怪异双角虫

志留纪

4

背血管等等，但同时盔甲也向两翼扩展出屋檐一样的结构以防止侧翼受到打击，于是它的盔甲很明显地分成了左、中、右三叶，三叶虫也从此得名。

这身盔甲在寒武纪堪称一代神器，遇到敌人，腿一收，往海底一趴便是个铁坨坨。再不行还

我们都爱变西瓜！

能收腹一卷，像现在的西瓜虫一样卷成个球，360度绝对防御啊。

更关键的是，莱德利基虫也没把重点全放在护甲上。虽然今天我们会觉得三叶虫都是些硬坨坨，但那只是因为三叶虫的脚不容易形成化石而造成的假象，实际上大部分三叶虫都是大长腿。而且从莱德利基虫开始，可能有一些三叶虫演化出了一种独特的仰泳式泳姿，因此至少到寒武纪中期，真要拼速度三叶虫也不怕的。

三叶虫还是最早长出眼睛的生物之一。在三叶虫的眼睛最外层还有方解石晶体构成的晶状体，像防弹玻璃一样，既能屈光成像，又十分坚硬，一举解决了眼部防护的

难题——要知道脊椎动物到现在都没很好的对策来保护眼睛。

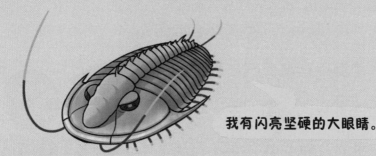

我有闪亮坚硬的大眼睛。

所以在寒武纪中前期，除非是面对奇虾之类的狠角色，成年的三叶虫几乎是横行海底，罕逢敌手。

在这黄金时代，许多有志气的三叶虫都曾尝试向着食物链的更高层级进发。比如早在距今5亿年前，有些莱德利基虫便曾经企图去当凶猛的掠食者。

只不过嘛，很多人老实巴交了一辈子，突然要他当个恶霸他反而不适应了。三叶虫也是如此。

我们知道后来节肢动物能够"大杀四方"，很大程度上是因为它们将附肢特化（特化：由一般到特殊的生物进化方式）为镰刀、钳子、大颚、毒牙等"十八般武器"。但三叶虫作为最早崛起的节肢动物却几乎没有在附肢上添加任何功能，除了最前面一对和最后面一对附肢演化成了触角和尾须以外，其他所有附肢都一直保持着最原始的形态。这其实埋下了三叶虫后来衰败的祸根。

每次三叶虫向着食物链的更高层级推进的时候，就会很尴尬地发现自己根本没有任何能主动输出伤害的装备或技能。它们仅有的对策只能是让自己体形变大，一口囫囵吞掉别的小动物，或是找海底蠕虫之类的软柿子，像吸溜面条似的整个咽下去。

也因此早期的捕食性三叶虫缔造了最早的一批大型三叶虫。历史上大部分三叶虫都不超过你拇指那么大，但捕食性三叶虫动辄能比你巴掌还大，个别如大卫奇异虫等体长甚至能达到37厘米。

然而体形更大意味着需要更多营养，猎杀更大更快更强壮的猎物，于是三叶虫又只能让自己进一步增大……哎，真的是徒有一颗战士的心，装备跟不上啊。

从寒武纪到奥陶纪期间，三叶虫多次向掠食者生态位发起的冲锋最终都以失败告终。

不过那又如何呢，反正即使霸占不了食物链的高位，单单依靠过滤海水中取之不尽的浮游生物或是捡食海底唾手可得的残渣，三叶虫依旧能繁荣昌盛。更何况，尽管在寒武纪末期，最原始的莱德利基虫走向了灭绝，但它作为三叶虫家族的老前辈，也留下了一个相当优秀的基本

身体构造，似乎必将佑其后代建千秋基业，开万里疆土。

有一类三叶虫决定过上这种舒服的生活，它们是三叶虫演化史上最特别的一个旁支。不过这堆"咸鱼"倒是有一个仙风道骨的名字——球接子，听上去好像是打网球打成仙了似的。

我可真是个小机灵鬼。

我之前说最早的三叶虫——莱德利基虫发明了一种把自己蜷成球的无死角防御技能，而球接子决定一辈子都保持这个姿势。

于是，球接子从一个小虫生生演化成了蛤蜊：久而久之，眼睛退化了，腿也退化到了刚刚够滤食浮游生物的样子。球接子整天不是漂在海里就是躺在海底享用着白食。

其他的虫子虫孙们虽说没这么荒废，但好像也都没能在莱德利基虫的基础上有太大的突破。

有些三叶虫的个性比较生猛，敢同恶鬼争高下，不向霸王让寸分，正面对抗起了当时的霸主海蝎子与"角石"

等，这些三叶虫可以说是从装甲武士演化成了装甲战车，它们当中诞生了历史上最大的三叶虫霸王等称虫。它的虫体长70多厘米，头、尾铠甲都高度融合，只留下8节活动甲片用于支持运动，宛如一个大磨盘，堪称无懈可击。

也有的三叶虫转而把自己埋在海底，只留一个头甲在外面，有的甚至演化出长长的眼柄，从而能把全身都埋进沙子中，只留一对眼睛在外面，变成真正的暗中观察。

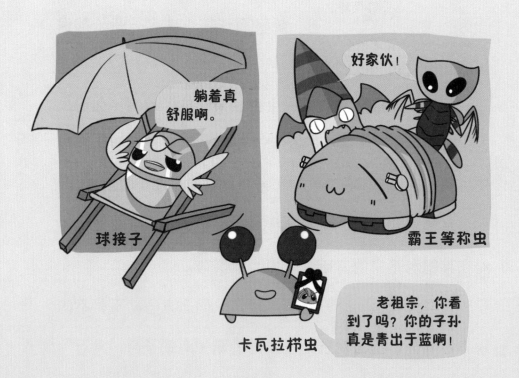

但万变不离其宗，总之是护甲越来越厚，意识越来越消极。

4.4亿多年前，当时全球温度在很短的时间里急剧下跌，以至于海平面短时间内猛然下降了差不多一百米。

这对生活在浅海的三叶虫来说，非常不利。

一部分跑得比较快的三叶虫及时撤离到了大陆架等更远的地方，却没料到那里更惨。大冰期之后不久，全球气温又莫名急剧回暖，海平面又回去了，三叶虫一下子迷失在了漆黑的深海中。更惨的是，当时的海洋含氧量暴跌，同时各种有毒的重金属离子却大量增加。

这一轮有毒的冰火两重天，史称奥陶纪末大灭绝，重创了全世界的三叶虫。化石记录表明，经此一劫，全球三叶虫的种类直接腰斩，有些不太能动的三叶虫，比如球接子更是惨遭灭族。

不过好在仗着庞大的数量，三叶虫还是从大灭绝中恢复了生机，尽管没了当年寒武纪时的盛况，三叶虫依然占据着海洋底层生态系统的半壁江山。

但也只是暂时如此。

在之后的数千万年里，三叶虫的演化似乎进入了一种很令人迷惑的状态。有些还算能理解，比如说增加额外的尖刺，这或许有助于抵御角石的触手；或者是延展头盔两翼，让自己变得跟个小飞碟似的，有人推测是为了增强侧翼的防护。

但也有一些三叶虫的变化让人很难理解，比如说有些三叶虫的复眼变得非常奇怪，它们的眼睛构造似乎也不见得是为了提升视力；还有一些三叶虫长出了极为夸张的体表附属物。

加上虽然"形状奇特的"三叶虫往往会成为化石爱好者的至宝，但背后却透露了一个凄惨的现实——大海的丰饶馈赠经过各级掠食者和中大型滤食动物的层层盘剥，留给海底的已是微不足道的毫末，但这仅剩的最后一点生存资源，也有鲨类、鱼类、菊石、甲壳动物、腹足动物等后起之秀前来搜刮蚕食。三叶虫拖着古旧的残躯，根本无力阻止它们对自己江山的日拱一卒，只得步步退缩，终于在最绝望的匮乏中将矛头转向内部，拼命从同类嘴里抠出最后一丝生的希望。那些浮夸的装饰在日益强大的掠食者面前毫无意义，恐怕都是同种间威慑与内斗的产物。

三戟瓦勒西虫

你是在瞧不起我吗？

长那样的角，你才是想找茬吧！

怪异双角虫

我闻到了内斗的味道！

镰虫

屋漏偏逢连夜雨，到3.9亿年前的泥盆纪中晚期，也许是因为陆地植物的大规模繁盛——毕竟最早的树差不多是在那个时候产生的嘛——全世界的氧气浓度出现了大幅度提升。而有了更多氧气，海洋中迅速涌现了大批能够快速游泳的动物，史称泥盆纪游泳动物革命。此刻的三叶虫却像个老古董，乌龟一样的身体构造使之在速度上没有多少改进的余地，愈发成了这场演化游戏中的边缘选手。

更悲催的是三叶虫引以为豪的盔甲也越来越不中用了。因为那段时间，世界出现了一种一骑绝尘的装备——有颌鱼类的下颌。在这些有颌鱼类的尖牙利齿之下，一切装甲都形同虚设。动物开始纷纷抛弃堆叠护甲，轻装上阵走敏捷闪避路线，就像火药发明以后，世界上所有的军队几乎都放弃了厚重装甲一样。于是，一亿多年来一直拼命堆叠护甲的三叶虫突然活成了一个笑话。

从化石记录中可以明显看到，在有颌鱼类全面崛起的同时，三叶虫的种群数量暴跌。而这最后硕果仅存的三叶虫也逃不开命运的捉弄。

大约3.8亿年前，最后的几支三叶虫刚从有颌鱼类的迫害之下死里逃生不过几百万年，大灭绝又来了……

还是熟悉的剧情，全球冰封，海平面骤跌，继而缺氧……这次史称泥盆纪末大灭绝的事件横扫了78%的海洋生物物种。然而三叶虫却没有向世界投降——这也是它们的最后一次不屈。此后，幸存的前朝遗民褪去了一切狂放的棘刺、厚重的铠甲、乖张的复眼，体形也缩小到不值一提，仿佛是历经沧桑后看破红尘的老者，以最返璞归真的姿态迎接着注定的终结。

谁知最后的弥留居然又让三叶虫家族度过了1亿年的光阴。

2.5亿年前，西伯利亚的超级火山轰隆一声巨响，带来了动物演化史上最惨烈的二叠纪末大灭绝，那场横扫了全世界97%的海洋生物的大灾变，宛如献给三叶虫的一场风光大葬。

三叶虫的故事到这里就随着古生代一起落幕了。

它们或许真的是一个很平凡的家族，以至于在很多纪录片当中，三叶虫往往都是作为背景或是被猎杀的对象出现的，正如所有英雄故事里那些永远都不会有姓名的底层士兵和百姓一样。

然而这个历经3亿年荣辱兴衰的古老族裔，真的只配成为那些"其兴也勃焉，其亡也忽焉"的所谓地球霸主的背景龙套，沦为大部分人心中最熟悉又陌生的古生物吗？

好在，地层还是大致公平地记录下食物链中每个阶层生灵的过往，带给我们一个更加有血有肉、丰富立体的远古世界。

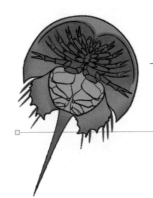

世路茫然　死生一念
螯肢动物

　　说起海蝎子，有时候真的不得不感叹，动物为了生存可以做到什么程度呀！

　　海蝎子属于一类叫作螯肢动物的节肢动物早期分支，早在寒武纪便已经出现，是一群长得类似科氏惊异虫的边缘小角色。对，超边缘的那种，你在任何寒武纪生态复原图里都找不到的那种。它们体型瘦小，数量稀少，只能一边提防着高级猎食者奇虾或等刺虫的袭击，一边还要和如日中天的三叶虫类抢食海底的残渣与蠕虫。

　　也许正是这份与生俱来的忧患，让不顾一切也要生存的意志从一开始便刻在了这些小生灵的基因里。

　　不过话说回来，它们倒是做到了一件三叶虫直到灭绝也没有做到的事情——附肢特化。

　　早期节肢动物的附肢一般由两部分组成，一部分用来呼吸，一部分用来运动。虽说在空间上挺省地方，但带来了一个问题，运动激烈了，势必容易损伤娇嫩的呼吸部分，但强化运动又需要更多氧气供应，因此呼吸的部分必须轻薄透气。

　　不过一般来讲，越是难的任务，完成后奖励越高嘛。而早期的螯肢动物便解决了这个矛盾，它们的应对方案简而言之就是专业化——绝大多数螯肢动物彻底退化掉附肢的运动能力，全部用来呼吸，演化成所谓的"书鳃"。而最靠前的六对附肢则退化掉呼吸能力，一门心思满足运动需求。

　　于是螯肢动物便一举进化出当时所有节肢动物中最强韧的附肢，顺便解决了节肢动物吃饭只能靠囫囵吞咽的短板，其第一对附肢演化成了一对辅助进食用的小钳子，被称为"螯肢"，这也是"螯肢动物"名称的由来。

　　它们用螯肢固定住食物，然后用后面几对附肢基部的小刺磨碎食物，于是，螯肢动物不但得以取食比自己嘴巴口径大的食物，必要的时候还能带着食物溜走，吃起饭来很安心。

早期节肢动物

　　呼吸器官和运动附肢紧紧相邻，运动时容易损伤。

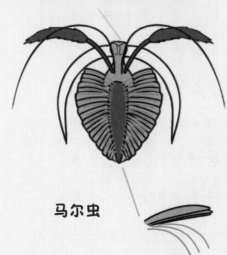

马尔虫

　　没有专门的进食器官，只能吃食物残渣。

螯肢动物

　　第一对附肢特化成钳子状的"螯肢"，可以撕碎食物，大大提高进食效率。

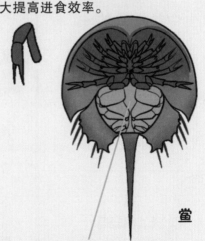

鲎

　　一部分附肢退化掉运动能力，特化为专门呼吸的"书鳃"。另一部分附肢则专门负责运动。

虽然这么一点小技能在今天看来简直微不足道，但在寒武纪算很厉害了。

从此，一代新兴霸主隐隐崛起。

然而在地球的历代霸主之中，螯肢动物的称霸之路却是最为命运多舛（chuǎn）的。

随着螯肢动物逐渐掌握更多资源，它们的体形膨胀了起来，力量和速度也有了巨大的飞跃。终于在4.7亿年前的奥陶纪，有一支螯肢动物完成了虫生中最重要的一次演化，于是动物演化史上的一个传奇——海蝎子由此诞生。

很快，海蝎子对保留的六对运动型附肢又展开了进

鬼谷说

严格来说，海蝎子的正式名称应该是"板足鲎"。不过由于历史上绝大多数板足鲎类都长着琵琶形的身体与威武的捕食肢，形态上和今天的蝎子有几分相似，所以为了方便起见，我们还是称它们为海蝎子吧。

一步的升级，将其改造成了各种凶猛的武器，再搭配上
节肢动物与生俱来的坚固铠甲，海蝎子终于在装备上与
奇虾之类的老一辈霸主拉开了差距，开始了属于自己的
称霸之路。

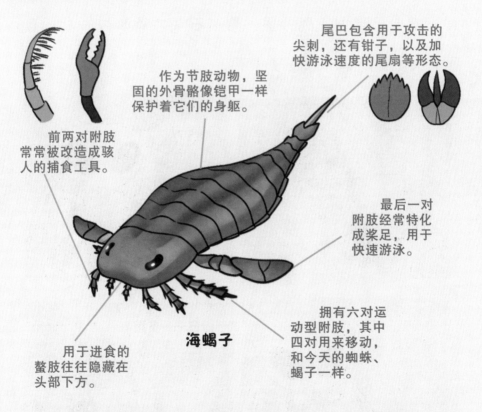

尾巴包含用于攻击的
尖刺，还有钳子，以及加
快游泳速度的尾扇等形态。

作为节肢动物，坚
固的外骨骼像铠甲一样
保护着它们的身躯。

前两对附肢
常常被改造成骇
人的捕食工具。

最后一对
附肢经常特化
成桨足，用于
快速游泳。

拥有六对运
动型附肢，其中
四对用来移动，
和今天的蜘蛛、
蝎子一样。

用于进食的
螯肢往往隐藏在
头部下方。

海蝎子

不过在奥陶纪，以各种巨型"角石"为代表的一帮
触手冠动物一直霸占着生态系统的中心位，海蝎子也只
能先靠边站。但即便如此，在奥陶纪末，以巨型羽翅鲎

为代表的早期海蝎子依旧展现出了不俗的实力。

  巨型羽翅鲎体长超过一米，装备着骇人的长刺附肢，一度也是横扫淤泥的海底之王。以至于当时同样生活在海底，跟我们的祖先关系非常接近的星甲鱼，平时也不得不把自己半埋在泥沙里，假装石头才能躲过一劫，真正意义上被海蝎子踩在了脚下。

但最终把海蝎子推向巅峰的，则是动物演化史上的第一次大灭绝——奥陶纪末大灭绝。

在这次大灭绝中，海平面经历了骤升骤降。当同时期的"角石"和三叶虫都被地球的变化折磨得非常痛苦的时候，拥有当时最强运动能力的海蝎子便成了最大赢家。

在大灭绝之后的废土上，海蝎子成了最先崛起的类群，把曾经压了自己三千万年的"角石"类打了个措手不及，一举开启了软体动物全族沦为海鲜的悲惨历史。

在这个海蝎子最繁荣的时代，海洋基本是海蝎子的领地，总之那个时代的海蝎子跟我们这个年代的鱼类一样，是海洋动物的绝对主流。其中自然也诞生了节肢动物演化史上最顶级的猎食者。

当时比较主流的掠食性海蝎子大致可以分成两大流派。

刺客

混足鲎　　　志留纪

节肢动物门
螯肢动物
板足鲎类

狂战士

翼肢鲎

肢动物门
动物
类

志留纪

　　多数海蝎子走了"刺客型"路线，它们游泳水平一般，主要在海底爬行，身体末端演化出锋利的尾刺，平时伺机而动，一旦发现目标立刻扑将上去，用演化成镰刀或钳子的附肢制服猎物，随后以尾刺给予其致命一击，一套组合动作可谓干净利落。

　　不过也有一支走了"狂战型"路线，它们利用自己强健的尾扇与桨足追击猎物，直接用巨大的螯肢击杀猎物。

　　这种简单粗暴的策略，让这类海蝎子体形急剧增

巨型羽翅鲎

战舰鲎

蟹体鲎

板足鲎

奥陶纪

翼肢鲎

混足鲎

志留纪

耶克尔鲎

霍尔鲎

泥盆纪

蛛鲎

希伯特鲎

二叠纪

石炭纪

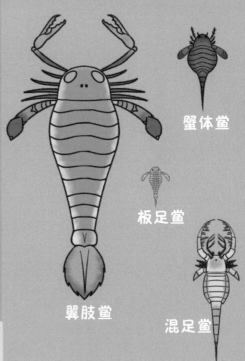

25

大，使它们有了足以横渡大洋的强大运动能力，从此扩散全球，一举成为整个志留纪最昌盛的动物类群。

它们之中更是演化出了有史以来最大的海洋节肢动物翼肢鲎，后者体长可达两米，攻击力强、体形大、移速快，堪称一代海洋霸主。

在志留纪到泥盆纪早期的差不多4000万年时间里，海蝎家族真可谓是拳打软体动物，脚踩脊椎动物，霸主当得那是春风得意。

然而，出来混，迟早都要还的。

当年，早期螯肢动物在奇虾的阴霾下卧薪尝胆，终于一朝翻盘，如今，同样的故事也发生在鱼类和海蝎子身上。

很可能就是在和海蝎子的斗智斗勇之中，早期的鱼类逐渐演化出了能够快速游泳的鱼鳍与结实的铠甲。它们不再是那个被踩在脚下的弱者了。最终在志留纪末期，海蝎王朝最鼎盛的时刻，一支鱼类终于演化出了足以对抗海蝎的最强武器——下颌。

仅仅过了一千多万年，有颌鱼类便发展壮大，全面袭来。

在生态位顶层，大型有颌鱼类仿佛是专门为消灭海蝎子而设计的，海蝎子的铠甲在它们的尖牙利齿之下不堪一击，海蝎子的大螯、

翼肢鲎 VS 邓氏鱼

毒刺在它们的厚重骨板前也形同虚设。在底层，有颌鱼类革命性的高效运动和进食能力使其轻而易举便夺走了小型海蝎子的一切食物资源。

战争迅速变成了一场单方面的屠杀。

有颌鱼类崛起了不到一千万年，海蝎子便一败涂

地，海洋中除了一类只有别针那么大的小型海蝎子外全部灭绝。

耶克尔鲎 VS 海纳鱼

一部分海蝎子躲到了淡水之中，它们在这里保留了一丝海蝎子家族统治的余晖。生活在约4亿年前泥盆纪早期的耶克尔鲎是有史以来最大的节肢动物之一，体长可达2.5米。不过这份繁荣终究也是镜花水月，有颌鱼类很快也入侵到了淡水之中，于是海蝎子的末裔又开始了新一轮的溃逃。

最后一支大型海蝎子，是生活在石炭纪到二叠纪泥沼之中

引螈 VS 希伯特鲎

的希伯特鲎类，在身材臃肿、行动迟缓的板足鲎身上已经丝毫找不到这个家族曾经的荣光，它们以一种近乎耻辱的姿态消失在了历史长河之中。

然而海蝎子的故事并未就此结束。

为此我们还要回到奥陶纪，在螯肢动物的早期演化过程中，就有一个基干分支走上了截然不同的演化道路。它们在数千万年间一直默默无闻，却成为地球上最早一批登陆的动物类群之一，它们悄悄上岸，给海蝎家族留存了火种。正是它们后来缔造了螯肢动物家族最后的繁荣——蛛形纲。

最早的蛛形纲动物都是一些长得很像海蝎子的家伙，它们和在海洋中的近亲一样，演化出了狰狞的大螯和尾刺，在另一个战场上重现着亲族的杀伐之道。

蝎形动物在古生代也曾强盛一时，在3.4亿年前的石炭纪甚至出现过体长达70厘米的肺蝎，一度也好似将螯肢动物带回了往昔的辉煌之中。

寒武纪　奥陶纪　志留纪 泥盆纪 石炭纪二叠纪

巨型羽翅鲎

翼肢鲎

板足鲎亚纲

科氏惊异虫

蛛形纲

希伯特鲎

角怖蛛

古戮蝎

肺蝎

然而脊椎动物带给它们的恐惧始终是悬在螯肢动物头顶的达摩克利斯之剑。随着脊椎动物对陆地的步步进逼，螯肢动物的最后堡垒也陷入了风雨飘摇之中。

　　祸不单行，命运在这时又给螯肢动物开了个致命玩笑。

　　在一系列奇迹般的机缘巧合之下，昆虫掌握了飞行的能力，加上嗅觉灵敏的触角、发达的复眼，以及三对附肢特化而来的复杂口器，昆虫在当时简直拥有了顶级的无敌装备。

　　于是螯肢动物再度变成了颠沛流离的可怜虫。

　　往昔的家园支离破碎，曾经的秩序土崩瓦解，四海横行的脊椎动物无疑是不可战胜的末日怪兽，而神出鬼没的昆虫又宛如废土上趁火打劫的强盗，雪上加霜的是，外患之下还内忧重重。

　　螯肢动物的身体构造在那个时代已经过于落后，只有一对螯肢的口部构造严重限制了进食效率，由于过早退化掉了太多附肢，演化潜能极度受限，螯肢动物甚至连触角都无法演化出来。记住了，凡是你见到长着触角的动物，一定和蜘蛛、蝎子这些没啥亲缘关系。而蛛形纲在登陆过程中还退化复眼，导致它们的感官难以适应陆地的严酷环境，而起源于书鳃的原始呼吸系统也难以获取足够的氧气，这严重限制了反应与速度。

昆虫纲
- 三对附肢特化而成的复杂口器
- 赋予空中优势的两对翅膀
- 嗅觉灵敏的触角
- 发达的复眼

蛛形纲
- 附肢数量退化严重，触角和口器都无法演化
- 没有翅膀
- 视力低下的单眼

沧海横流方显英雄本色，命悬一线之际，一支全新的蛛形纲动物挺身而出，扶危墙于既倒，那就是蜘蛛。

其实从奥陶纪开始一直到今天，陆地上出现过无数形态介于蝎子和蜘蛛之间的蛛形纲动物，不过，蜘蛛可以说是对自身改造最为彻底的类群，生生用一手"烂牌"打出了惊天逆转。

它们把自己的螯肢改造成了毒牙，用毒液制服猎物，规避了力量和速度都不足的问题。同时，毒液当中包含消化酶，能直接在体外消化猎物，从而可以直接吮吸溶化的猎物血肉，这又解决了自己进食效率不足的麻烦。

更妙的一招是，它们把最后一点演化潜力全用在了刀刃上，将腹部的一些残余结构和腺体改造成了能够分泌蛛丝的纺绩器，从此蛛丝便成了蜘蛛的标配。早期的蜘蛛蛰伏在地穴之中，用伏击来弥补速度短板。同时它们分泌大量蛛丝，一方面可以巩固地穴，另一方面，延伸到地表的蛛丝可以将细微的震动传导给蜘蛛，从而感知周围的风吹草动，弥补了感觉短板。

后来，最迟在1.4亿年前的白垩纪早期，一部分蜘蛛更是从地穴中走出来，将带有黏液的蛛丝结成网悬挂在树梢之上。在白垩纪，昆虫迎来了一轮大爆发，但这一次，昆虫不再是螯肢动物的杀手，相反，它们成了蜘蛛取之不尽的食物，为螯肢动物铺就了复兴之路。

　　直到今天，蛛形纲都是除却昆虫纲以外的第二大动物类群。即便是在人类社会中，各种蜘蛛也是最常见的动物之一。它们无处不在，也许从成王败寇的史观来说，螯肢动物是失败的，曾经横行四海的强悍巨鲎（qí）竟步步沦落为今朝的微末尘芥，它们面对夺取其江山的脊椎动物更是无可奈何，只能空余一声叹息。

　　然而它们又是成功的，无论这个世界如何一次次地

将它们打倒在地，它们却总能涅槃重生，一次又一次地再度繁盛，向世界宣示着自己的荣耀。

它们是虫子，朝生暮死，微不足道。

它们是虫子，天荒地老，生生不息！

蛛形纲的异数
蜱螨

前面我们讲到了蛛形纲，那就不得不提蛛形纲当中物种最繁盛的类群——螨虫。

话说当年蛛形纲的祖先早早登上了陆地，但志留纪早期的陆地相当贫瘠，充其量长了一点苔藓、地衣和真菌什么的，连土壤都只有稀薄的一层，不可能养活什么大动物，所以有一些早期的蛛形纲动物便走上了小型化路线。于是诞生了蛛形纲当中最为奇葩的蜱螨亚纲。

在海蝎子拼命改构造、蜘蛛使劲攀技能的时代，蜱螨亚纲的祖先却根本不想打打杀杀，它只想过平静的生活，每天啃啃植物残渣，累了就躲在枯枝败叶里睡一觉，决不把疲劳和压力留到第二天。

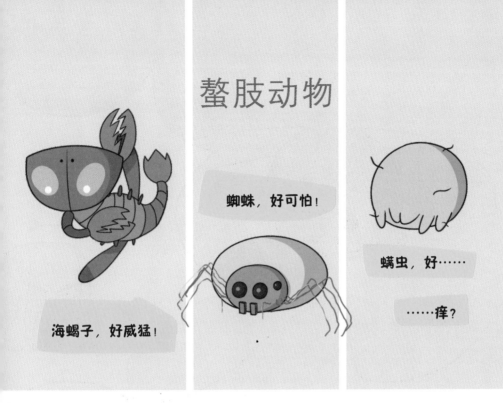

螯肢动物

蜘蛛，好可怕！

螨虫，好……

……痒？

海蝎子，好威猛！

在这个过程中，它们的身体结构发生了很大的变化：有些学会了啃食植物枝叶，甚至打洞钻进植物内部；也有些比较斯文，口器变成了针状，直接吸食植物汁液，一如今天让人伤透脑筋的棉红蜘蛛（叶螨）。

随着陆地植物日益繁盛，蜱螨类也跟着鸡犬升天。然而它们又遇到了新的问题。由于早年的演化背景，它们的体形和运动能力都非常弱，而那时的植物一个个又如此高大，那它们应该如何从一棵植物转移到另一棵植

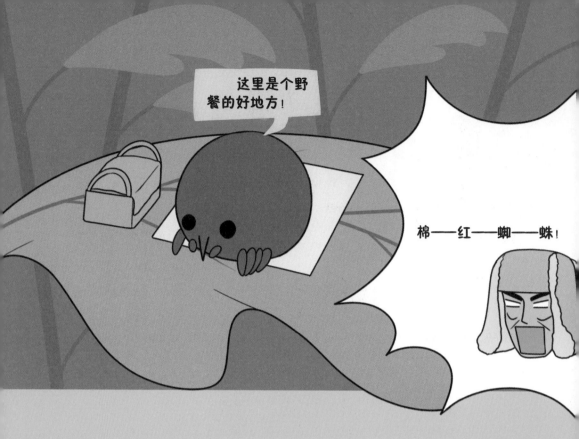

物上呢？

　　我们知道，蛛形纲动物当中不是也有蜘蛛和蝎子之类体形比较大、运动能力还可以的物种吗？再加上后来平地飞升的昆虫，于是乎，有些早期蜱螨类悄悄地扒在节肢动物身上搭便车。

　　众所周知，能干出蹭车不买票这种事的动物一般素质都高不到哪去。果不其然，有一些可能原本吸食植物汁液的蜱螨类突然发现，咦，自己像针一样的口器用来吸食动物的体液，好像……也不是不可以嘛。

　　这群素食主义者摇身一变，成了"吸血鬼"，走上了寄生之路。今天让蜜蜂养殖户伤透脑筋的蜂螨还依然延续着这种生活方式。

而其中又有一拨，也可能是几拨，胃口越来越大，偷取节肢动物那一点点体液已经满足不了它们了。于是大概在石炭纪，它们目光一转，盯住了脊椎动物。于是真蜱目，也就是我们常说的蜱虫诞生了。

　　不得不说蜱虫也真是蛛形纲最初的骄傲，当初蛛形纲全族都被脊椎动物打得哭爹喊娘的时候，只有蜱虫站出来稍微赚回了一点点尊严。

　　再来说回那些没有坚定去对抗脊椎动物的蜱螨类，它们都被丢进了真螨目，即我们平时说的螨虫这个分类群里。

　　有些螨虫也打起了脊椎动物的主意，不过它们没有真蜱目那么过分，只是扑在脊椎动物皮肤表面吃点皮屑啥的，成了脊椎动物的万痒之源。

　　但这只是它们一系列奇怪操作的开始。一般来讲，一个动物一旦演化成寄生虫，那么它会在和宿主的斗智斗勇之中变得愈发特化，最终或是随着宿主一起灭亡，或是在此之前寻找到新的宿主。所以说寄生真的是一个只进不出的生态位牢笼呀!

然而螨虫却是唯一打破了牢笼的动物类群。在很久以前，有那么一群螨虫，原本好端端地待在哺乳动物身上吃皮屑，然后它们突然蹦跶了下

螨虫永不为奴。

尘螨

来，重铸了运动能力，恢复了自由之身，演化成了今天的尘螨。

鬼谷说

哇，这才叫真正的跨界发展。

还有一群更是不走寻常路，它们的祖先多半是生活在植物叶片上的叶螨，平时主要啃啃叶片，然后它们突然跑到哺乳动物身上吃皮脂了。最后，这群螨虫甚至钻进了毛囊，演化成了蠕形螨。

同样很令人迷惑的还有蜱螨亚纲的另一个类群——盲蛛。由于它们的外形实在多变，这个类群是否属于蜱螨亚纲争议很大。有些人会把盲蛛比作一种动漫形象——可

41

叶螨
　食用各种植物的端虫，俗称红蜘蛛。

绒螨
　幼虫寄生在昆虫身上，成虫以其他微小动物为食，和其他螨虫相比体形十分巨大。

尘螨
　最普遍的螨虫，生活在人类的家居环境中，食用人体脱落的皮屑，肉眼无法看到。

蠕形螨
　寄生在哺乳动物的毛囊和皮脂腺里的寄生性螨虫。

爱的煤球精灵。

　对此鬼谷我只想笑而不语，我觉得乍一看没什么人会把如此一坨东西跟可爱联系在一起，但是如果你愿意凑近看一眼，却一定能打开新世界的大门。

　不得不说，蜱螨亚纲真的是螯肢动物当中一个非常牛的异数。它们彻底地抛弃了祖先的生活方式，为了生存处处见缝插针，一举成为螯肢动物中适应能力最强，也最无处不

密密麻麻的盲蛛

学蜘蛛侠的盲蛛

我可爱吗？

呆萌大眼睛的盲蛛

变身小兔子的盲蛛

在的类群。不难想象，如果有一天其他螯肢动物全部灭绝了，这些蜱螨也能继续生存到天荒地老。

真到那时，遥想远古的巨大海蝎，再看今日之细微疥螨，感觉想必会非常微妙吧。

被偏爱的都有恃无恐
昆虫

说起演化，对于大多数动物来讲，都是无数心酸血泪浇灌出的厚重历史。

但是，偏偏有那么一类动物，它的演化史给了我一种网文小说的感觉，还是读起来处处让人一脸懵的那种，剧情每时每刻都让你出乎意料、目瞪口呆。

哦，它是不算什么啦。

咦，它好像又要完蛋了？

啊？它怎么突然一飞冲天了？

哎哟！这都能满血复活？什么百转千回的剧情。

这个神奇的动物类群就是昆虫。

昆虫的故事还要从4.4亿年前的志留纪说起。那个时候陆地生态系统刚刚成形，动物登陆的第一波浪潮开启了。而在这些动物当中，自带防水外骨骼的节肢动物自然是占尽了先机。昆虫的祖先也是登陆大军中的一员，与它同期登陆的，还有之前说过的螯肢动物亚门蛛形纲的祖先和多足亚门的祖先，以及一些没啥可说的节肢动物。

它们在最初的陆地生态系统中一起吃土，一起成长，四千万年后，螯肢亚门演化出了古怖蛛和角怖蛛等陆地顶级猎食者，也演化出了叶螨和盲蛛等王道植食动物。多足亚门代表队也不甘示弱，早期温和的马陆（倍足纲）和狠辣的蜈蚣（唇足纲），在相当长的时间里都是陆地最大的动物。

蛛形纲的祖先

为什么
我不配拥有
姓名……

多足亚门的祖先

其他节肢动物

不错了好吗？
我连脸都没有！

未设定

昆虫纲的祖先

ps：昆虫的祖先尚未发现化石

45

当螯肢动物和多足动物成为绝代双骄的时候，昆虫的祖先却依旧在"吃土"，唯一的一点进步是它们种类增加了一些，体形变大了一些，可以比较大口地"吃土"了。算了，就当它没进步吧。

反正一直到3.3亿年前的石炭纪早期，昆虫的祖先都看不出有任何要雄起的迹象，一切演化似乎都表明它们是生生世世准备"吃土"了。比如说它们身体变得瘦瘦长长的，还退化掉了大部分附肢，只留下三对步足来爬行，方便在地形复杂的枯枝败叶堆里穿梭。它们还将三对附肢特化为口器，有助于在成分复杂的土壤里挑拣出能吃的东西。

随后，它们其中一支的背部长出横向的背板，可能是为了防御，也可能是为了调节体温，反正这种配置在当时的陆地节肢动物中也还算常见。

　　然后，背板变得可以扇动，昆虫起飞了，从此成了陆地最成功的节肢动物类群。

　　目前已知最早的飞行昆虫是生活在3.25亿年前石炭纪的德利奇虫，它们与之前不会飞的祖先之间，有一段长达6500万年化石记录极端稀少的时期，被称为"六足空缺"。总之在自此之后的1亿年中，昆虫成了唯一能制霸天空的动物类群。

在石炭纪，地球基本上是一个雨林世界。全世界都长着高大的树木，这些树木的顶端处处都是营养丰富的嫩芽与孢子，作为第一种能够一飞冲天的动物，昆虫瞬间成了当时最繁盛的动物类群之一。

与此同时，繁盛的植物也让地球的含氧量达到了有史以来的最高点，满足了昆虫飞行所需的氧气供应，也让节肢动物的体型突破了限制。

于是史上最巨大的昆虫——巨脉蜻蜓诞生了，它的翼展可达70厘米，体型差不多相当于一只鸽子，轻松超越当时几乎所有节肢动物。

我们知道，后来脊椎动物学会飞行都得牺牲自己的一对附肢。但昆虫演化出飞行能力似乎完全是空手套白狼，对自己的演化潜能一点影响都没有，翅膀反而还增加了昆虫的演化潜能。

很快，昆虫当中诞生了一支飞行能力更强，而且平时能够将翅膀折叠的类群——新翅下纲。

巨脉蜻蜓

引螈

林蜥

节胸虫

肺蝎

始祖单弓兽

要翅膀还是要附肢？

要翅膀还是要附肢？

凭什么昆虫可以空手套白狼！

翅膀！

我全都要！不仅如此，翅膀还要两对！

一对翅膀就够用了，另一对……用来画画吧！

脊椎动物

古翅下纲

新翅下纲

由于新翅类昆虫的飞行能力足够强，一般一对翅膀足以满足飞行需求。也就是说，冗余的另一对翅膀能在演化上放飞自我了，这将在之后的一亿多年中让昆虫家族变得百花齐放，从昆虫各个类群的名称便能看得出来，比如什么直翅目、半翅目、鞘翅目、网翅目、革翅目、膜翅目、双翅目、鳞翅目、脉翅目、毛翅目、襀翅目、缨翅目、广翅目、长翅目、捻翅目、缺翅目……

不过在石炭纪的早期，新翅类昆虫的演化还没那么狂放，它们大多数都选择将靠前的一对翅膀演化成后一对翅膀的保护鞘。

而在这条路上走得最远也最成功的属鞘翅目，即我们平时所说的甲虫。

它们的一对前翅变得又滑又硬，而且还把自己全方位包裹成了个铁皮盒子，将后翅悉心折叠收纳其中，再也不需要担心弄脏或损坏翅膀，因此这些甲虫扩散到了传统上昆虫难以触及的狭窄或肮脏地方。

于是我们看到朽木里有锹甲，种子内有象甲，水面上有豉甲，尸体中有葬甲，地底下有步甲，粪便里有蜣螂，水底下有龙虱，可谓上天入地无所不至。目前人们已知的鞘翅目物种数量便有大概40万种，以压倒性的优势成了整个动物界的第一大目。

不仅如此，昆虫在随后又学到了一个很特别的技能，那就是变态（变态：在有些生物的个体发育中，其形态和构造上经历阶段性剧烈变化）。我之前说棘皮动物的变态发育独树一帜，其实不太准确，因为昆虫的变态发育本质

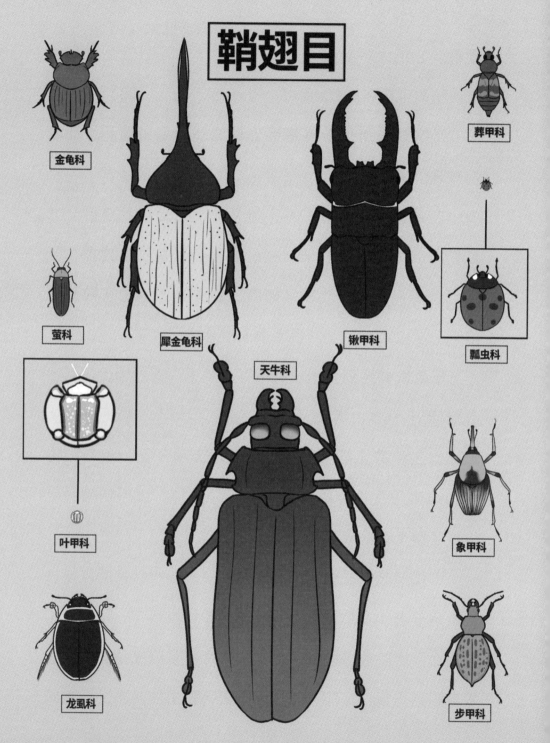

鞘翅目

金龟科

葬甲科

萤科

犀金龟科

锹甲科

瓢虫科

叶甲科

天牛科

象甲科

龙虱科

步甲科

上也是一样的套路。

毛毛虫在某种意义上其实相当于一个能自行移动、自己吃东西的胎盘，真正的昆虫本体其实暗藏在毛毛虫身体内部。不过不是你想象中的一整个完整的胚胎，而是一大堆零散的呈片状的东西，我们称之为成虫盘。等到化蛹的时候，整个幼虫会融化掉，成为成虫盘的营养，而这些成虫盘则会各自发育成不同器官，你来组成翅膀，我来组成触角，最后拼装出一只成虫来。

1.小时候的你身体里潜藏着一个长大后的你。

2.不过不是一整个，而是零零散散的器官雏形。

3.小时候的你融化成养分，让器官雏形发育成形。

4.拼装出长大后的你！

这种变态发育的起源也跟昆虫的翅膀一样不太可考，好像是在3亿多年前的石炭纪末"突然"出现的，这样的生长模式极大增加了昆虫的发育自由度，一举让昆虫扩散到除了海洋以外的所有生态环境中。今天昆虫纲当中包括鞘翅目在内的最强势的四大家族全都是变态的昆虫。

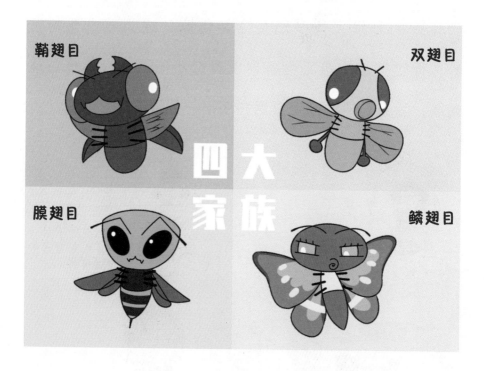

　　一般来说，网文主角在获得绝世武功，走上人生巅峰之余还会顺手拯救一下世界什么的，而昆虫当然也是如此。

别看动物似乎上蹿下跳，一个个都厉害得不行，实际上，在地球历史上真正经常搞出毁天灭地级别大灾难的，反而是看起来人畜无害的植物等光合作用者。

大约28亿年前出现的蓝藻，便引发过一次差点抹除地球所有生物的灭绝事件——大氧化事件，与地球史上最长的一次极寒事件——休伦冰河期。7亿多年前绵延将近一亿年的雪球地球事件也和当时刚出现不久的多细胞藻类有一定的关系。

而在植物登陆，尤其是树木出现后，它们疯狂生长，长得根本停不下来。空气中的二氧化碳又被一次次地榨干。

地球从此陷入一个恶性循环，植物疯长，全球变冷，然后森林崩溃，全球变暖，植物又疯长……简直是"冰与火之歌"啊。

这先是间接引发了泥盆纪末大灭绝，后又直接带来了动物演化史上最强的一次极寒事件——石炭纪雨林崩溃事件。

所以说，植物不死，灾难未已……呃，不对，植物死了也没用，因为植物吸收的碳元素依旧会固定在自己的尸体中，最终变成煤炭封印在地底，难以返回大气。早期的真菌和一些鞭毛虫等虽然能够分解死掉的植物，但是木头毕竟坚硬，这些柔弱生物的分解效率基本没法跟上树木生长的步伐。

在这时，昆虫来了，在取食朽木中的树脂和真菌的过程中，它们强有力的大颚总是免不了会啃碎木头，更何况还有很多昆虫会在木头中挖洞来筑巢产卵，这无意中让朽木变得疏松多孔，大大提升了真菌降解朽木的效率。更不用说后来蜚蠊目的一支昆虫还演化成了白蚁，它们的肠道中含有能降解纤维素的披发虫，能够直接取食木头。

可以说正是昆虫打破了历史的反复循环，形容它们拯救了世界也不为过吧。

不过昆虫在拯救世界的同时却没能拯救自身，3亿年前的石炭纪雨林崩溃事件后，昆虫家族居然差一点灭绝。

雨林崩溃后地球进入了二叠纪，雨林崩溃本就是对昆虫的釜底抽薪，更要命的是被植物榨干的二氧化碳一时半会儿也回不来，地球总体上进入了一个普遍寒冷的时代。同时氧气含量却立马跟森林覆盖率一齐暴跌，身为节肢动物的昆虫体形也随之缩小，愈发难以适应寒冷环境。

就在这最饥寒交迫的时刻，西伯利亚的超级火山又突然喷发，引爆了地球史上惨烈的二叠纪末大灭绝。于是自此之后400万年间，昆虫近乎从化石记录中消失了。

昆虫的苦难还远未结束。大灭绝之后，随着盘古大陆完全成形，加上之前西伯利亚火山喷涌而出的巨量二氧化碳，地球进入了史上气候最为炎热干旱的三叠纪，沙漠成了当时地球陆地的主要地貌，早期昆虫赖以生存的高大植物几乎全部消失不见。

但是，在2.34亿年前的三叠纪卡尼期，发生了一件匪夷所思的事情：地球突然久旱逢甘霖，迎来了可能是自动物诞生以来最大的一场暴雨，史称卡尼期洪积事件。

这场雨一下就是200万年，硬生生把一整个世界的沙漠都给灌成了热带雨林。

更不可思议的是，这场大雨还顺手重置了地球上的植物。从此，种子植物一跃成为陆地植物的主角，而它们的种子和花粉更是为昆虫带来了取之不尽的养分。于是昆虫不但幸存了下来，还迎来了新一轮的物种大爆发。

经过这场大雨，今天我们所熟悉的大部分昆虫类群就都崛起了，诸如蚊子、苍蝇一类的双翅目昆虫从此走向繁盛，至今它们的幼虫仍然需要在湿润的环境中才能发育成熟，也算是暴雨留下的远古记忆。

不过昆虫也未必总能在脊椎动物面前占到便宜。俗话说得好，节肢动物打江山，脊椎动物摘果实。

从某种意义上看，昆虫与植物的协同进化让飞行日渐成为一种有利可图的生活方式，直接催动了脊椎动物走向天空的征途。

其实一直到三叠纪中期，体长超过10厘米的昆虫也还是俯拾皆是。但随着翼龙的出现，昆虫从此缩小到了我们所熟悉的尺寸，也算是昆虫演化史上少有的几次失败。

俗话说，上天为你关上一扇门，也会为你打开一扇窗。但我觉得，上帝为昆虫关上了一扇门，又马上送了它一套房。

　　从2亿年前的侏罗纪开始，陆地重新变得富饶丰沛，昆虫家族再度迎来繁荣盛世。又有一支昆虫异军突起，它们被称为膜翅目，是一类肉食性的昆虫，主要捕食其他昆虫的幼虫。它们最初的策略是把自己的卵产在植物叶片上，幼虫孵出来顺势伏击路过的昆虫幼虫。

看，小蜜蜂多勤劳啊。

我们膜翅目可是动物界最专业的寄生大户！

螺赢

义父不要啊！

螟蛉

　　但很快，有些机灵的膜翅目昆虫学会了直接把卵产在其他昆虫或卵的表面乃至体内，由此各种寄生蜂便诞生了。

　　还有一些膜翅目昆虫则筑起巢穴，捕猎后直接把猎物带回巢穴里喂养幼虫。有些种类的幼虫在长大后暂时不离开巢穴，而是帮助自己的母亲一起捕猎筑巢。这条演化路线的极致，便是所有的生育职责全部由那个老母亲承担，而大部分家庭成员则干脆彻底丧失了生育能力。到1.6亿多年前的侏罗纪晚期，各种胡蜂和蚂蚁——其实蚂蚁本质上也是一类退化了飞行能力的胡蜂——已然成为昆虫家族中一支不容小觑的势力。

到了1.4亿年前的白垩纪，命运又一次垂青了昆虫家族。

白垩纪的植物类群再一次发生了变化。被子植物，或者说显花植物开始遍地开花，从此为花朵授粉成了昆虫的常见设定。

而在白垩纪的百花丛中，翩翩飞起了一个似曾相识的美丽身影——丽蛉。

是的，在中生代百花丛中飞过的，并不是我们今天常见的蜜蜂、蝴蝶，而是以丽蛉科为代表的脉翅目昆虫。但无论是艳丽张扬的翅膀，还是卷曲细长的虹吸式口器，它们都和今天的蝴蝶一模一样。

不过，这样说好像不对，应该说蝴蝶的美丽翅膀和虹吸式口器都是模仿丽蛉的。虽然蝴蝶所在的类群鳞翅目也是一个历史悠久的家族，但中生代的鳞翅目大多都是些颜色暗淡、体形瘦小、直接啃食植物的昆虫。一直到白垩纪晚期，才有一些鳞翅目昆虫走上了吸食花蜜的演化路线。

不过鳞翅目也有自己的独门绝技——鳞翅，它们翅膀上遍布着非常细小的鳞片，我们平时抓蝴蝶会抓得一手粉，那其实是它翅膀上的鳞片。在面对黏糊糊的蜘蛛网与脊椎动物的舌头的时候，这层极易脱落的鳞片非常有助于鳞翅目昆虫死里逃生。

同时，鳞片不但本身色彩丰富，鳞片的细微结构还能通过一些光学原理产生结构色，让鳞翅目的色彩变幻程度远远超越了早期的丽蛉。后来随着鸟类愈发成为昆虫的最大天敌，鳞翅目更复杂的色彩伪装、骗过鸟类视觉的优势便逐渐体现了出来。

因此在6600万年前的白垩纪大灭绝之后，我们今天熟悉的蝴蝶、蛾子从废土上崛起，一举夺取了丽蛉的江山，鳞翅目得以跻身为当今昆虫四大家族最后的成员。而它们的繁盛也反过来让显花植物成了新生代的植物主流。

说实在的，昆虫真是一个难以尽表的家族，除了四大家族以外，其他很多类群也都有各自的精彩，要我说，可能三天三夜也说不完。

3亿多年来，在残酷的演化游戏中，各种动物都在拼尽全力以求生存。但好像只有昆虫处处彰显着一种"明明可以凭实力，却偏偏要靠运气"的洒脱，还没使出全力就已繁盛天下，甚至让整个世界都为之改变，让鬼谷我不禁感叹：究竟是你在适应环境，还是环境在适应你啊！

参考资料（部分）

学术论文、综述：

Lamsdell, J. C., & Braddy, S. J. (2009). Cope's Rule and Romer's theory:patterns of diversity and gigantism in eurypterids and Palaeozoic vertebrates. Biology Letters, 6(2), 265-269.

Anderson, L. I., & Trewin, N. H. (2003). An early Devonian arthropod faunafrom the Windyfield cherts, Aberdeenshire, Scotland. Palaeontology, 46(3), 467-509.

Dabert, M., Witalinski, W., Kazmierski, A., Olszanowski, Z., & Dabert, J. (2010). Molecular phylogeny of acariform mites (Acari, Arachnida): strong conflict between phylogenetic signal and long-branch attraction artifacts. Molecular Phylogenetics and Evolution, 56(1),222-241.

Rudkin, D.A.; Young, G.A.; Elias, R.J.; Dobrzanske, E.P. (2003). "The World'sbiggest Trilobite: Isotelus rex new species from the Upper Ordovician of northern Manitoba, Canada". Palaeontology. 70(1): 99–112. doi:10.1666/0022

专著：

David Evans Walter，Heather C. Proctor: Mites: Ecology, Evolution & Behaviour: Life at a Microscale

视频、纪录片：

PBS Eons :When Giant Scorpions Swarmed the Seas
NAT GEO Wild: The Scariest Insects
Ben G Thomas: Triumph of the Trilobites

网站&网页

http://gaga.biodiv.tw/new23/9411/166.htm
https://www.trilobites.info
www./Life/ByFamily/ByFamilyLifeList.aspx?LCLID=392

科普文章：

中科院南古所："一亿年前神秘"长尾巴蜘蛛"重出江湖，蜘蛛起源与演化之谜风云再起
攀缘的井蛙：【地球演义】系列

更多资料详情，扫描二维码获取